Ian Glenton

Inteligencia Artificial: Entre el Progreso y sus Sombras

AF387016

Ian Glenton

Inteligencia Artificial: Entre el Progreso y sus Sombras

Aprendiendo a ser más cautelosos de la nueva tecnología

Editorial Académica Española

Imprint

Any brand names and product names mentioned in this book are subject to trademark, brand or patent protection and are trademarks or registered trademarks of their respective holders. The use of brand names, product names, common names, trade names, product descriptions etc. even without a particular marking in this work is in no way to be construed to mean that such names may be regarded as unrestricted in respect of trademark and brand protection legislation and could thus be used by anyone.

Cover image: www.ingimage.com

Publisher:
Editorial Académica Española
is a trademark of
Dodo Books Indian Ocean Ltd. and OmniScriptum S.R.L publishing group

120 High Road, East Finchley, London, N2 9ED, United Kingdom
Str. Armeneasca 28/1, office 1, Chisinau MD-2012, Republic of Moldova, Europe
Managing Directors: Ieva Konstantinova, Victoria Ursu
info@omniscriptum.com

Printed at: see last page
ISBN: 978-620-0-01424-5

Copyright © Ian Glenton
Copyright © 2024 Dodo Books Indian Ocean Ltd. and OmniScriptum S.R.L publishing group

Inteligencia Artificial: Entre el Progreso y sus Sombras

Autor:

Ian Etienne Glenton Montenegro

Introducción

La inteligencia artificial (IA) ha irrumpido en todos los aspectos de nuestra vida cotidiana, desde las aplicaciones más simples hasta las más complejas, prometiendo un futuro lleno de avances tecnológicos que parecen no tener límites. En este contexto, la IA se presenta como el motor de un progreso imparable, una herramienta capaz de transformar la sociedad, la economía y la forma en que nos relacionamos con el mundo. Pero detrás de este sueño de silicio se esconde una realidad más compleja y preocupante.

Este recorrido en cinco partes nos invita a reflexionar sobre el lado oscuro de la IA, un mundo donde la contaminación invisible, los residuos digitales, y la explotación de recursos humanos y naturales comienzan a mostrar sus huellas. Mientras la IA avanza con la promesa de un futuro más eficiente, es fundamental cuestionar sus consecuencias, tanto en el entorno que nos rodea como en las estructuras sociales que hemos construido.

En este viaje, exploraremos cómo las nubes de datos y la energía que consumen los centros de datos son una pesada carga ambiental, y cómo el avance tecnológico ha traído consigo no solo progreso, sino también nuevos riesgos, como los sesgos éticos que se filtran en los algoritmos. Sin embargo, la reflexión no se detiene en el pesimismo, sino que también busca respuestas hacia un futuro sostenible, donde la innovación pueda ir de la mano con la responsabilidad social y ambiental.

En última instancia, este recorrido pretende hacernos cuestionar: ¿Estamos dispuestos a pagar el precio del progreso, a menudo a costa de la salud del planeta y la equidad social? ¿Es posible lograr un equilibrio entre la inteligencia artificial y un futuro que sea ético, sostenible y verdaderamente humano?

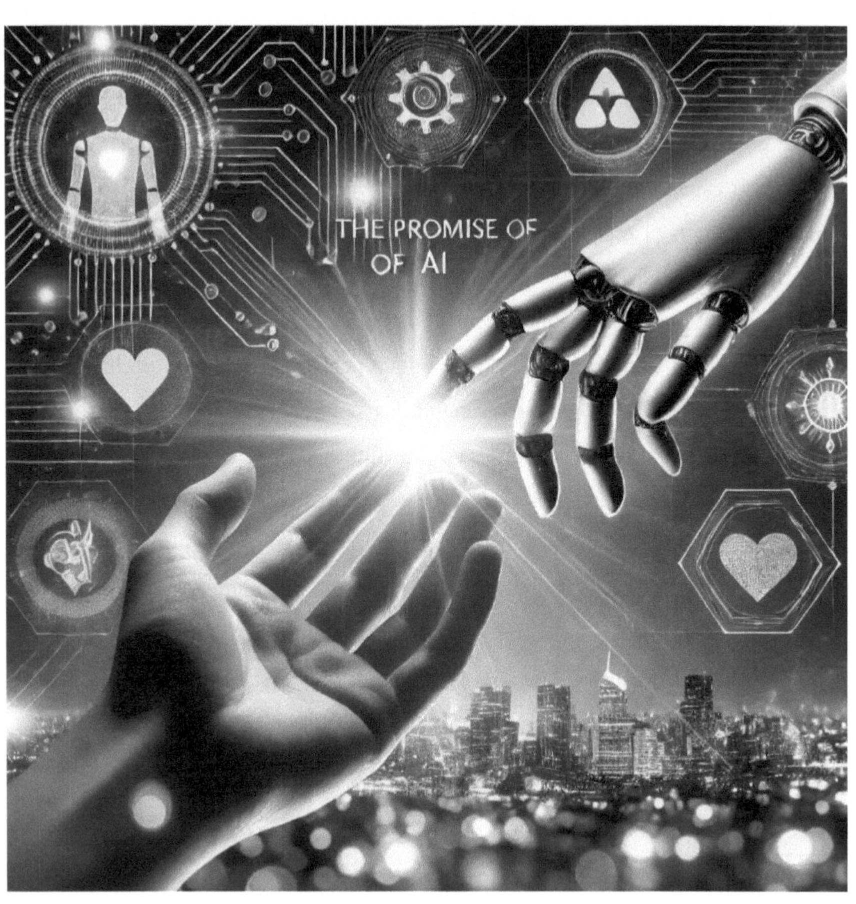

THE PROMISE OF
OF AI

Capítulo I: La Promesa de la IA

Sueños de Silicio: La IA como Motor del Futuro

El surgimiento de la inteligencia artificial (IA) está moldeando una nueva era en la historia de la humanidad, caracterizada por avances tecnológicos que están redefiniendo los límites de lo posible. Desde sistemas capaces de realizar tareas complejas hasta modelos generativos como los chatbots, la IA se presenta como una herramienta poderosa para transformar la sociedad. Sin embargo, su desarrollo plantea preguntas esenciales sobre las implicaciones éticas, económicas y sociales de esta tecnología.

El motor del progreso

La IA es frecuentemente descrita como **"la última invención de la humanidad"**, ya que su potencial para resolver problemas complejos podría cambiar radicalmente el mundo en que vivimos (Bostrom, citado en Rísbel Magazine, 2023). Este optimismo se complementa con predicciones como las de Ray Kurzweil, quien prevé que para 2045 la inteligencia de las máquinas no solo igualará, sino superará a la humana, llevando a lo que se conoce como Singularidad Tecnológica. Este futuro plantea tanto esperanza como incertidumbre.

En áreas como la medicina, algoritmos avanzados ya están ayudando a diagnosticar enfermedades con mayor precisión que los médicos humanos. Por otro lado, industrias enteras están adoptando la automatización para mejorar la eficiencia y reducir costos. Sin embargo, el rápido avance de la IA también genera preocupación. Elon Musk, por ejemplo, advierte que este desarrollo podría traer riesgos significativos si no se regula adecuadamente, al compararlo con una tecnología tan poderosa como el fuego: útil, pero peligrosa si no se maneja correctamente (Rísbel Magazine, 2023).

Beneficio y riesgo: una relación ambivalente

La IA presenta una dualidad intrínseca. Según François Chollet, su impacto depende de cómo la utilicemos: como una herramienta de creación o de destrucción. Este enfoque resalta la necesidad de un manejo ético y responsable. Además, Kate Crawford sostiene que la IA no es verdaderamente "inteligente" ni "artificial", ya que refleja los sesgos y aspiraciones humanas. Esto subraya la importancia de diseñar sistemas que no perpetúen desigualdades sociales o errores éticos (Emprendedores News, 2023).

Futuro y responsabilidad

Para garantizar que la IA beneficie a la sociedad, debemos adoptar una perspectiva ética. Fei-Fei Li, experta en inteligencia artificial, afirma que la IA **"no es solo una cuestión de algoritmos y tecnología, sino también de ética y valores humanos"** (Rísbel Magazine, 2023). Esto implica que los desarrolladores y usuarios deben trabajar juntos para integrar principios éticos en todas las etapas de su creación y uso.

En última instancia, el sueño de silicio que promete la IA solo se cumplirá si enfrentamos sus desafíos con creatividad, responsabilidad y visión. Las decisiones que tomemos hoy determinarán si la IA se convierte en un motor de progreso sostenible o en un factor desestabilizador para nuestra sociedad.

Revoluciones Algorítmicas: Más Allá de lo Humano

La inteligencia artificial (IA) representa una transformación sin precedentes en la capacidad de las máquinas para emular, complementar y superar habilidades humanas. Desde la automatización de procesos complejos hasta el aprendizaje continuo, esta tecnología está redefiniendo no solo las industrias, sino también los límites de lo humano.

Transformación de industrias

La IA ha revolucionado sectores clave como la salud, la manufactura y el transporte. En medicina, permite diagnósticos más precisos a través del análisis de imágenes y datos clínicos, mientras que, en la industria automotriz, los vehículos autónomos están redefiniendo la movilidad y la seguridad vial. Además, su impacto en el servicio al cliente mediante asistentes virtuales mejora la experiencia de los usuarios al proporcionar respuestas personalizadas e inmediatas (Tec de Monterrey, 2024).

En el ámbito de la investigación y el desarrollo, la IA optimiza la innovación al procesar grandes volúmenes de datos con una velocidad y precisión inalcanzables para los humanos. Esto ha permitido avances significativos en sectores como la farmacéutica, donde se acelera el descubrimiento de fármacos y se optimizan ensayos clínicos (Unite.AI, 2024).

Retos y oportunidades

A pesar de sus beneficios, la IA plantea desafíos éticos y sociales. Por ejemplo, el desplazamiento de trabajadores en roles repetitivos genera tensiones en el mercado laboral. Sin embargo, también crea nuevas oportunidades en áreas como el desarrollo de software, la economía digital y la creatividad aplicada, donde la colaboración humano-máquina amplifica el potencial creativo (Banco Interamericano de Desarrollo, 2024).

Además, el uso ético de la IA es fundamental. Los sistemas de IA deben ser entrenados con datos imparciales y utilizados bajo principios que respeten la privacidad y la dignidad humana. Esto requiere una supervisión constante para evitar sesgos y resultados adversos (Gaceta UNAM, 2024).

Inteligencia Artificial: Un Progreso Aparentemente Limpio

La Inteligencia Artificial (IA) a menudo se percibe como una solución elegante para los problemas del presente y del futuro, promovida como una herramienta capaz de mejorar la eficiencia y la sostenibilidad en diversas industrias. Sin embargo, su verdadero impacto ambiental desafía esta narrativa, revelando un costo significativo en términos de energía, recursos naturales y emisiones contaminantes.

El peso energético de la IA

Los centros de datos, esenciales para entrenar y operar sistemas de IA, consumen cantidades masivas de energía eléctrica. Según un informe de la revista *Nature*, estas instalaciones representan entre el 1% y el 2% del consumo eléctrico global y se proyecta que esta cifra podría triplicarse en las próximas décadas debido al aumento de la demanda de IA y servicios en la nube. Entrenar un modelo grande, como los utilizados para tareas avanzadas de procesamiento del lenguaje natural, puede emitir hasta 284 toneladas métricas de dióxido de carbono (Strubell et al., 2019), comparable al impacto ambiental anual de 60 hogares promedio en países industrializados.

Además, el uso de energía no siempre proviene de fuentes limpias. A pesar de los avances en energías renovables, gran parte de los centros de datos todavía se alimenta de combustibles fósiles. En regiones como Estados Unidos y China, que albergan algunos de los mayores centros de datos del mundo, el carbón y el gas natural siguen siendo fuentes predominantes de energía.

Consumo hídrico y minerales críticos

Un impacto menos discutido, pero igualmente importante es el consumo de agua. Los centros de datos utilizan agua para enfriar sus sistemas, un proceso que puede ser insostenible en regiones propensas a la sequía. Por ejemplo, se estima que los centros de datos en Silicon Valley consumen millones de galones de agua anualmente, exacerbando la crisis hídrica en áreas ya afectadas por el cambio climático.

En paralelo, la fabricación del hardware necesario para soportar las tecnologías de IA depende de minerales críticos como el cobalto, el litio y el níquel. Estos materiales se extraen principalmente en países del sur global bajo condiciones ambiental y socialmente cuestionables. La minería a menudo degrada ecosistemas locales y genera conflictos sociales por el control de los recursos.

¿Compensa la sostenibilidad aparente?

Mientras que la IA ha demostrado ser útil en proyectos sostenibles, como la optimización del tráfico vehicular o el diseño de modelos predictivos para el cambio climático, estas aplicaciones no equilibran completamente su impacto ambiental negativo. Según un informe de la *International Energy Agency (IEA)*, el aumento de la eficiencia energética de los centros de datos es crucial, pero no será suficiente si no se adoptan políticas globales estrictas para regular y minimizar el consumo de recursos.

Además, las soluciones basadas en IA pueden amplificar problemas ambientales. Por ejemplo, el auge de criptomonedas y NFTs, impulsado en parte por tecnologías similares, ha resultado en un aumento exponencial en el consumo energético debido a procesos de minería digital intensivos.

El futuro de un progreso verdaderamente limpio

Para que la IA cumpla su promesa de ser una herramienta de progreso sostenible, es esencial adoptar un enfoque responsable e innovador. Esto incluye:

1. *Adopción de energía renovable:* Empresas líderes en IA, como Google y Microsoft, han comenzado a comprometerse con operaciones neutrales en carbono, pero estas iniciativas deben convertirse en un estándar global.

2. *Reciclaje y reutilización de componentes:* Fomentar la economía circular en la fabricación de hardware tecnológico para minimizar la dependencia de la minería extractiva.

3. *Mayor transparencia y regulación:* Exigir a las empresas tecnológicas que publiquen auditorías ambientales completas sobre el impacto de sus operaciones de IA y que se alineen con objetivos globales como los de emisiones netas cero.

4. *Fomentar el uso eficiente de los recursos:* Diseñar modelos más ligeros y menos intensivos en energía que puedan operar con menor demanda computacional sin comprometer la calidad.

Capítulo II: La Contaminación Invisible

Nubes de Datos, Huellas de Carbono

En la era digital actual, los servicios en la nube y los centros de datos han revolucionado la manera en que almacenamos, procesamos y compartimos información. Sin embargo, este avance tecnológico tiene un impacto ambiental significativo que muchas veces pasa desapercibido. La "contaminación invisible" generada por las infraestructuras digitales, especialmente los centros de datos, se traduce en un aumento considerable de las emisiones de carbono. Este ensayo explora el impacto ambiental de los servicios en la nube en términos de consumo energético, huella de carbono y sostenibilidad, basándose en investigaciones recientes y datos confiables.

El consumo energético de los centros de datos

Los centros de datos son los pilares fundamentales de la computación en la nube. Estas instalaciones, que albergan servidores encargados de procesar y almacenar cantidades masivas de datos, requieren una cantidad significativa de electricidad. Según un informe de la Agencia Internacional de Energía (IEA, por sus siglas en inglés), los centros de datos representaron aproximadamente el **1% del consumo mundial de electricidad en 2022** (IEA, 2022). Aunque este porcentaje puede parecer bajo, la demanda de servicios en la nube está creciendo exponencialmente, lo que podría duplicar este consumo en las próximas décadas si no se implementan soluciones sostenibles.

Además del consumo energético directo, una gran parte de la energía utilizada por los centros de datos se destina a sistemas de refrigeración. Los servidores generan calor mientras operan, y mantener una temperatura adecuada es crucial para prevenir fallas y garantizar un rendimiento óptimo. Sin embargo, los sistemas de enfriamiento tradicionales son altamente ineficientes y contribuyen al consumo excesivo de electricidad.

11

La huella de carbono de la nube

El impacto ambiental de los servicios en la nube no se limita al consumo de electricidad, sino que también involucra la emisión de gases de efecto invernadero, conocidos como huella de carbono. Aunque muchas empresas tecnológicas han adoptado políticas para reducir su impacto ambiental, el crecimiento constante de la demanda digital dificulta estos esfuerzos.

Por ejemplo, un estudio de Anders Andrae y Tomas Edler (2015) estimó que las tecnologías de la información y la comunicación (TIC), incluidas las redes, los dispositivos y los centros de datos, podrían representar hasta el **14% de las emisiones globales de carbono para 2040**, si no se toman medidas significativas. Esto es comparable a las emisiones de toda la industria del transporte, lo que pone de manifiesto la gravedad del problema.

Estrategias hacia la sostenibilidad

Ante este panorama, las empresas tecnológicas y los gobiernos están implementando diversas estrategias para mitigar el impacto ambiental de los servicios en la nube. Una de las soluciones más prometedoras es la transición hacia fuentes de energía renovable. Gigantes tecnológicos como Google, Amazon y Microsoft han invertido significativamente en proyectos de energía solar y eólica para alimentar sus centros de datos. Por ejemplo, Google anunció en 2020 que había alcanzado un equilibrio de carbono neto desde su fundación en 1998 y se comprometió a operar completamente con energía libre de carbono para 2030 (Google, 2020).

Otra medida importante es la optimización de la eficiencia energética a través de innovaciones tecnológicas. Los centros de datos más avanzados utilizan inteligencia artificial (IA) para gestionar el consumo energético y reducir el desperdicio. Por ejemplo, Google implementó sistemas de IA para optimizar la refrigeración de sus centros de datos, logrando una reducción del 30% en los costos de energía relacionados con el enfriamiento (DeepMind, 2018).

El papel del usuario final

Aunque las empresas tecnológicas desempeñan un papel crucial en la reducción de la huella de carbono de la nube, los usuarios finales también tienen una responsabilidad importante. Prácticas como eliminar correos electrónicos innecesarios, reducir el uso de almacenamiento en la nube y desconectar dispositivos cuando no están en uso pueden parecer insignificantes, pero tienen un impacto acumulativo significativo. Según un estudio publicado por The Shift Project (2019), el tráfico de video en línea representa casi el **60% del tráfico global de datos**, y su huella de carbono equivale a la de toda España en un año. Reducir el consumo de contenido digital innecesario es, por lo tanto, una medida efectiva a nivel individual.

El Lado Oscuro de los Centros de Datos

En un mundo cada vez más digitalizado, los centros de datos constituyen el corazón de la infraestructura tecnológica global. Estos gigantescos complejos de servidores no solo almacenan y procesan datos, sino que también son esenciales para el funcionamiento de servicios en la nube, redes sociales, transmisión de video, comercio electrónico y más. Sin embargo, detrás de su eficiencia y capacidad para soportar la vida moderna, se oculta un "lado oscuro" que genera enormes costos ambientales, sociales y éticos. Este ensayo explora los problemas asociados con los centros de datos, incluyendo su consumo energético descomunal, el impacto ambiental, los riesgos para la privacidad y la concentración de poder en manos de un puñado de corporaciones tecnológicas.

El consumo energético descomunal

Uno de los aspectos más preocupantes de los centros de datos es la cantidad masiva de energía que consumen para operar. Según la Agencia Internacional de Energía (IEA), los centros de datos consumieron alrededor de **200 teravatios-hora (TWh)** en 2022, lo que equivale aproximadamente al consumo total de electricidad de un país como España (IEA, 2022). Este consumo energético no solo alimenta los servidores que procesan datos, sino también los sistemas de refrigeración necesarios para mantener temperaturas óptimas en estas instalaciones.

El problema radica en que gran parte de esta energía proviene de fuentes no renovables, como carbón y gas natural, lo que contribuye a la emisión de gases de efecto invernadero. En particular, los centros de datos ubicados en regiones donde predominan las fuentes de energía fósil tienen una huella de carbono mucho mayor. Por ejemplo, en países como China, donde el carbón sigue siendo una fuente principal de electricidad, los centros de datos generan emisiones de carbono significativamente más altas en comparación con los que operan en Europa o América del Norte, donde el uso de energías renovables está más extendido (Andrae & Edler, 2015).

Impacto ambiental: más allá de la energía

El impacto ambiental de los centros de datos no se limita al consumo energético. La construcción y el mantenimiento de estas instalaciones requieren enormes cantidades de recursos naturales, incluyendo agua, metales y tierras. Uno de los problemas más críticos es el uso intensivo de agua para los sistemas de enfriamiento. Según un informe del **U.S. Department of Energy**, algunos centros de datos pueden consumir hasta **millones de litros de agua al día** para mantener las temperaturas adecuadas, lo que ejerce una presión significativa sobre los suministros locales de agua, especialmente en regiones afectadas por la sequía (DOE, 2022).

Además, la fabricación de servidores y equipos tecnológicos requiere la extracción de metales raros como el litio, el cobalto y el níquel. La minería de estos materiales no solo tiene impactos ambientales devastadores, como la deforestación y la contaminación de ríos, sino que también está asociada a violaciones de derechos humanos, incluyendo trabajo infantil y explotación laboral en países en desarrollo (Amnesty International, 2016).

Riesgos para la privacidad y la seguridad de los datos

El lado oscuro de los centros de datos no se limita al ámbito ambiental. El almacenamiento masivo de datos en estas instalaciones plantea riesgos considerables para la privacidad y la seguridad de los usuarios. Las fugas de datos, los ciberataques y el mal uso de la información personal son preocupaciones constantes en un mundo donde las empresas tecnológicas manejan cantidades inimaginables de datos sensibles.

Por ejemplo, en 2021, un ciberataque a un centro de datos de Facebook expuso los datos personales de más de 530 millones de usuarios, incluyendo números de teléfono y direcciones de correo electrónico (BBC News, 2021). Este incidente subraya la vulnerabilidad inherente de estas infraestructuras, que se convierten en objetivos prioritarios para los hackers debido a la riqueza de información que contienen.

Además, el almacenamiento de datos en la nube, aunque conveniente, plantea preguntas éticas sobre el control de la información. Empresas como Amazon, Microsoft y Google concentran una gran parte del mercado global de servicios en la nube, lo que les otorga un poder desproporcionado sobre los datos de individuos, empresas y gobiernos. Esta centralización genera preocupaciones sobre monopolios tecnológicos y la posible manipulación de datos con fines políticos o comerciales (Zuboff, 2019).

Concentración de poder y desigualdades globales

El dominio de unos pocos gigantes tecnológicos en el sector de los centros de datos y la computación en la nube también tiene implicaciones económicas y sociales. Empresas como Amazon Web Services (AWS), Microsoft Azure y Google Cloud controlan más del **60% del mercado global de servicios en la nube** (Statista, 2023), lo que les permite establecer las reglas del juego y limitar la competitividad de empresas más pequeñas.

Este monopolio digital perpetúa desigualdades globales. Por un lado, los países en desarrollo dependen cada vez más de las infraestructuras tecnológicas de empresas extranjeras, lo que reduce su soberanía digital. Por otro lado, los beneficios económicos y tecnológicos de los centros de datos suelen concentrarse en países desarrollados, mientras que los costos ambientales y sociales, como la contaminación y la explotación laboral, se externalizan a países en vías de desarrollo.

Hacia un futuro más sostenible y ético

Para abordar el "lado oscuro" de los centros de datos, es esencial implementar estrategias sostenibles y éticas que equilibren los beneficios de la tecnología con la necesidad de proteger el medio ambiente y los derechos humanos. Algunas de las soluciones incluyen:

1. **Transición a energías renovables:** Empresas como Google y Microsoft ya están invirtiendo en proyectos de energía eólica y solar para alimentar sus centros de datos. Según Google, su objetivo es operar completamente con energía libre de carbono para 2030 (Google, 2020).

2. **Optimización de la eficiencia energética:** El uso de inteligencia artificial para optimizar el consumo energético y los sistemas de refrigeración puede reducir significativamente el impacto ambiental. Por ejemplo, Google

ha logrado disminuir en un **40% el consumo de energía en sus sistemas de enfriamiento** mediante el uso de IA (DeepMind, 2018).

3.   **Regulaciones más estrictas:** Los gobiernos deben implementar políticas que obliguen a las empresas tecnológicas a cumplir con estándares ambientales y laborales, además de fomentar la transparencia en la gestión de datos y la competencia justa en el mercado.

4.   **Empoderamiento de los usuarios:** Finalmente, los consumidores pueden contribuir al cambio adoptando prácticas digitales responsables, como reducir el almacenamiento innecesario en la nube y exigir a las empresas mayor sostenibilidad y protección de datos.

Basura Digital: ¿Dónde Terminan los Algoritmos Viejos?

En la actualidad, gran parte de la conversación sobre sostenibilidad y contaminación digital gira en torno al consumo energético de los centros de datos, la huella de carbono de las tecnologías de la información y la acumulación de dispositivos electrónicos desechados. Sin embargo, hay un aspecto menos visible, pero igualmente preocupante: la "basura digital". Este concepto no solo se refiere a datos obsoletos o sin utilidad, sino también a los algoritmos, sistemas y aplicaciones que, una vez descartados, permanecen almacenados en servidores o dispositivos sin un propósito claro, contribuyendo al consumo innecesario de recursos. Este ensayo explora el impacto de esta forma de contaminación digital, sus implicaciones éticas y ambientales, y las posibles soluciones para gestionar mejor el ciclo de vida de los algoritmos.

El concepto de basura digital

El término "basura digital" no se limita al contenido generado por los usuarios, como correos electrónicos, archivos duplicados o aplicaciones no utilizadas. También incluye los algoritmos, software y sistemas que, una vez reemplazados por versiones más avanzadas, permanecen almacenados en servidores y centros de datos. Aunque estos algoritmos ya no están en uso activo, su almacenamiento sigue consumiendo energía y espacio digital.

Según un estudio de The Shift Project (2019), el almacenamiento de datos inactivos representa una parte significativa del tráfico digital y el consumo energético global. Esto se debe a que los servidores que almacenan esta "basura digital" deben mantenerse operativos, lo que implica un uso continuo de electricidad y sistemas de refrigeración. Este fenómeno es comparable al mantenimiento de archivos físicos innecesarios en grandes almacenes, pero con un impacto ambiental mucho mayor.

El ciclo de vida de los algoritmos

Los algoritmos, al igual que cualquier tecnología, tienen un ciclo de vida. Inicialmente, son desarrollados para resolver problemas específicos o mejorar procesos. Sin embargo, con el tiempo, se vuelven obsoletos debido a la aparición de nuevas tecnologías, cambios en las necesidades de los usuarios o avances en la inteligencia artificial. Una vez que un algoritmo deja de ser útil, no siempre es eliminado; en muchos casos, es archivado o simplemente abandonado en servidores.

Este abandono plantea varias preguntas éticas. Por ejemplo, ¿quién es responsable de gestionar los algoritmos obsoletos? ¿Deberían ser eliminados por completo o preservados como parte de un "archivo digital" de la humanidad? Mientras que algunos argumentan que los algoritmos viejos pueden ser reutilizados o estudiados para mejorar el desarrollo futuro, otros señalan que mantenerlos almacenados de manera indefinida es una práctica insostenible.

Impacto ambiental de la basura digital

El almacenamiento de algoritmos y datos inactivos contribuye a la contaminación digital de varias maneras:

1. *Consumo energético innecesario:* Como mencionó la Agencia Internacional de Energía (IEA, 2022), los centros de datos ya representan un porcentaje significativo del consumo global de electricidad. Almacenar algoritmos obsoletos y otros datos innecesarios aumenta esta carga energética sin aportar un valor real.

2. *Uso de recursos materiales:* Aunque la basura digital es intangible, su almacenamiento requiere infraestructura física, como servidores y discos duros. La fabricación de estos equipos depende de la extracción de recursos naturales, como metales raros, cuya explotación tiene un alto costo ambiental.

3. *Generación de desechos electrónicos:* Los servidores y dispositivos que almacenan algoritmos y datos inactivos eventualmente se desgastan y son desechados, lo que contribuye al problema de los residuos electrónicos. Según un informe de la Organización de las Naciones Unidas (ONU, 2020), el mundo generó **53,6 millones de toneladas de desechos electrónicos en 2019**, y solo el 17,4% fue reciclado adecuadamente.

Implicaciones éticas de los algoritmos obsoletos

Además del impacto ambiental, la basura digital plantea cuestiones éticas relacionadas con la privacidad, la seguridad y la transparencia. Los algoritmos viejos, aunque ya no estén en uso, pueden contener datos sensibles o históricos que, si no se gestionan adecuadamente, podrían ser vulnerables a accesos no autorizados.

Por ejemplo, en 2019, un servidor de una empresa de marketing expuso una base de datos de algoritmos y registros antiguos que contenía información personal de millones de usuarios (TechCrunch, 2019). Este incidente demuestra que la falta de gestión de la basura digital no solo genera problemas ambientales, sino que también pone en riesgo la privacidad y la seguridad de los datos.

Además, la existencia de algoritmos obsoletos plantea preguntas sobre la responsabilidad corporativa. Muchas empresas almacenan estos sistemas sin considerar su impacto a largo plazo, lo que refleja una falta de planificación en la gestión del ciclo de vida de las tecnologías.

Posibles soluciones para la basura digital

Para abordar el problema de la basura digital, es necesario implementar estrategias que promuevan la sostenibilidad y la ética en la gestión de datos y algoritmos. Algunas soluciones incluyen:

1. *Gestión activa del ciclo de vida de los algoritmos:* Las empresas y desarrolladores deben adoptar políticas para eliminar algoritmos obsoletos de manera responsable o archivarlos en sistemas más eficientes. Esto incluye la implementación de procesos para evaluar regularmente la utilidad de los sistemas almacenados.

2. *Optimización del almacenamiento:* Migrar los datos y algoritmos inactivos a infraestructuras de almacenamiento de baja energía podría reducir significativamente el impacto ambiental. Por ejemplo, tecnologías como el almacenamiento en frío, que utiliza menos energía para datos de acceso poco frecuente, podrían ser una solución viable (Google, 2020).

3.   *Transparencia y regulación:* Los gobiernos y organizaciones deben establecer regulaciones claras sobre la gestión de algoritmos y datos obsoletos. Esto incluye requisitos para la eliminación segura de datos y la minimización del almacenamiento innecesario.

4.   *Educación y concienciación:* Los usuarios finales también tienen un papel que desempeñar. Reducir la producción de basura digital, como eliminar archivos y aplicaciones innecesarias, puede contribuir a disminuir la carga general en los sistemas digitales.

Explotación y Desequilibrio: Recursos Humanos y Naturales

En la era tecnológica, el progreso y la innovación se han convertido en motores clave de la economía global. Sin embargo, detrás de esta aparente prosperidad existe una realidad menos visible: la explotación de recursos humanos y naturales que sustenta la infraestructura tecnológica y digital. Desde la extracción de metales raros para dispositivos electrónicos hasta las condiciones laborales precarias en las fábricas y centros de datos, el desequilibrio entre los beneficios obtenidos por las grandes corporaciones y los costos asumidos por los trabajadores y el medio ambiente plantea serios desafíos éticos, sociales y ambientales. Este ensayo analiza la relación entre la explotación de recursos humanos y naturales en la industria tecnológica, el impacto que genera y las posibles soluciones para mitigar este desequilibrio.

Explotación de recursos naturales: el costo oculto de la tecnología

La tecnología moderna depende de materiales como el litio, el cobalto, el níquel y el tantalio, conocidos como "metales raros". Estos recursos son esenciales para la fabricación de baterías, semiconductores y otros componentes electrónicos. Sin embargo, la extracción de estos materiales tiene un alto costo ambiental y social. Según un informe de la Organización de las Naciones Unidas (ONU, 2020), la minería de metales raros contribuye a la deforestación, la contaminación del agua y la degradación del suelo, afectando gravemente los ecosistemas locales.

Un caso emblemático es la minería de cobalto en la República Democrática del Congo (RDC), que produce más del **70% del suministro mundial de este mineral**. Aunque el cobalto es fundamental para las baterías de dispositivos electrónicos y vehículos eléctricos, su extracción ha sido vinculada a graves violaciones de derechos humanos, incluyendo trabajo infantil y condiciones laborales inseguras (Amnesty International, 2016). Los mineros, a menudo mal remunerados, trabajan en condiciones peligrosas y sin equipos de protección adecuados, mientras las empresas multinacionales obtienen enormes ganancias.

Además, la demanda de estos materiales sigue creciendo debido al aumento del consumo de dispositivos electrónicos y al auge de la energía renovable, lo que intensifica la presión sobre los recursos naturales. Según un informe del Banco Mundial (2020), la demanda de minerales como el litio y el cobalto podría aumentar en más del **500% para 2050** si no se desarrollan alternativas sostenibles.

Explotación de recursos humanos: las cadenas de suministro de la tecnología

El desequilibrio también es evidente en las condiciones laborales de los trabajadores que fabrican dispositivos electrónicos y mantienen la infraestructura digital. Desde las fábricas de ensamblaje en Asia hasta los centros de datos en Occidente, muchas veces los empleados enfrentan largas jornadas laborales, bajos salarios y entornos laborales peligrosos.

Un ejemplo destacado es el caso de Foxconn, una de las mayores compañías de fabricación de electrónica en el mundo, que produce dispositivos para marcas como Apple, Microsoft y Amazon. En 2010, Foxconn enfrentó un escrutinio global después de que varios trabajadores se suicidaran debido a las condiciones laborales extremas, que incluían turnos extenuantes, vigilancia constante y falta de apoyo emocional (Chan et al., 2013). Aunque las empresas tecnológicas han tomado medidas para mejorar las condiciones laborales en respuesta a estos incidentes, las prácticas de explotación persisten en muchas partes de la cadena de suministro.

Por otro lado, los trabajadores de los centros de datos y plataformas digitales también enfrentan desafíos. En los centros de datos, responsables de almacenar y procesar los datos de internet, los empleados realizan tareas físicamente agotadoras, como mover servidores pesados y mantener sistemas de refrigeración, a menudo en condiciones de calor extremo y con poca protección. Asimismo, los moderadores de contenido en plataformas como Facebook y YouTube enfrentan estrés psicológico severo debido a la exposición constante a contenido gráfico y perturbador, mientras reciben salarios bajos y poca atención a su bienestar mental (Newton, 2019).

El desequilibrio en la distribución de beneficios

A pesar de que los recursos humanos y naturales son fundamentales para el funcionamiento de la industria tecnológica, los beneficios están desigualmente distribuidos. Las grandes empresas tecnológicas generan miles de millones de dólares en ingresos, mientras que los trabajadores y comunidades afectadas por la extracción de recursos reciben una fracción mínima de estas ganancias.

Por ejemplo, en 2022, Apple reportó ingresos de más de **394 mil millones de dólares**, mientras que muchos de los trabajadores en las fábricas que producen sus dispositivos ganan menos de **2 dólares por hora** (Apple, 2022). Este desequilibrio refleja una estructura económica global que prioriza el beneficio corporativo sobre la justicia social y ambiental.

Además, las comunidades locales en áreas de extracción de metales raros a menudo no se benefician del desarrollo económico asociado con la minería. En lugar de ello, enfrentan la degradación de sus tierras, la contaminación de sus fuentes de agua y la pérdida de medios de subsistencia tradicionales. Este desequilibrio perpetúa la pobreza y la desigualdad en muchas regiones del mundo.

Impacto ambiental y social: el costo del desequilibrio

El desequilibrio en la explotación de recursos humanos y naturales tiene consecuencias devastadoras tanto para el medio ambiente como para las comunidades locales. La sobreexplotación de recursos naturales no solo agota los ecosistemas, sino que también contribuye al cambio climático. Según el Panel Intergubernamental sobre el Cambio Climático (IPCC, 2022), las actividades de minería y fabricación de tecnología son responsables de una parte significativa de las emisiones globales de carbono.

A nivel social, la explotación laboral en la industria tecnológica perpetúa ciclos de pobreza, desigualdad y abuso, afectando especialmente a las comunidades más vulnerables. Además, la falta de regulación adecuada en las cadenas de suministro permite que las empresas eviten responsabilidades legales y éticas, perpetuando prácticas insostenibles.

Hacia una industria tecnológica más justa y sostenible

Para abordar el desequilibrio en la explotación de recursos humanos y naturales, es necesario implementar soluciones que promuevan la justicia social, la sostenibilidad ambiental y la responsabilidad corporativa. Algunas de estas soluciones incluyen:

1. *Transparencia en las cadenas de suministro*: Las empresas tecnológicas deben ser más transparentes sobre el origen de los materiales que utilizan y las condiciones laborales en sus cadenas de suministro. Certificaciones como la Iniciativa para Minerales Responsables (RMI) pueden ayudar a garantizar prácticas más éticas.

2. *Inversión en reciclaje y economía circular:* El reciclaje de metales raros y la reutilización de dispositivos electrónicos pueden reducir la dependencia de la minería. Según un informe de la ONU (2020), solo el **17,4% de los desechos electrónicos** se recicla, lo que representa una oportunidad significativa para mejorar la sostenibilidad.

3. *Mejora de las condiciones laborales:* Las empresas deben garantizar salarios justos, condiciones laborales seguras y apoyo psicológico

para los trabajadores en toda la cadena de suministro. Esto incluye tanto a los empleados de fábricas como a los moderadores de contenido y otros roles en la economía digital.

4.   *Regulaciones gubernamentales:* Los gobiernos deben implementar políticas que obliguen a las corporaciones a cumplir con estándares ambientales y laborales, además de imponer sanciones por prácticas abusivas.

5.   *Empoderamiento de los consumidores:* Los consumidores tienen el poder de exigir prácticas más sostenibles y éticas de las empresas, optando por marcas que prioricen la justicia social y ambiental.

Capítulo III:

Consecuencias y Riesgos

La Era de la Obsolescencia Programada: Hardware y Residuos

La obsolescencia programada es un fenómeno económico y técnico que se ha consolidado a lo largo de los años como un componente central en la fabricación y diseño de productos, especialmente en la tecnología de consumo. Esta estrategia empresarial se refiere a la práctica de diseñar productos con una vida útil limitada, para incidir en el ciclo de compra del consumidor y fomentar el consumo continuo de nuevos productos. En este ensayo se explorarán las consecuencias y riesgos asociados con la obsolescencia programada, con especial énfasis en el hardware tecnológico y sus efectos en la generación de residuos electrónicos.

Definición y Orígenes de la Obsolescencia Programada

La obsolescencia programada, un término que se popularizó en la década de 1930, hace referencia a la práctica de reducir deliberadamente la vida útil de un producto para incrementar las ventas de nuevas versiones. Esta práctica se ha observado especialmente en el sector tecnológico, donde los productos, como teléfonos móviles, computadoras y electrodomésticos, a menudo se diseñan para volverse inoperativos o menos eficaces después de un período de tiempo predecible (Slade, 2006). El concepto de obsolescencia programada tiene sus raíces en la necesidad de mantener una demanda constante de productos nuevos y garantizar la maximización de las ganancias a través del ciclo de renovación rápida.

Consecuencias Ambientales: Aumento de Residuos Electrónicos

Uno de los efectos más negativos de la obsolescencia programada es la aceleración de la generación de residuos electrónicos o e-waste. Los dispositivos electrónicos son desechados con frecuencia cuando ya no funcionan correctamente, a menudo debido a fallas de componentes internos que no se pueden reparar fácilmente, como las baterías no reemplazables o los chips obsoletos (Babbitt, 2017).

28

Este vertido de desechos electrónicos genera un impacto ambiental significativo, ya que muchos de estos productos contienen materiales peligrosos como plomo, mercurio y cadmio, los cuales, al ser liberados en el medio ambiente, pueden contaminar el agua, el aire y el suelo (Leung et al., 2015).

A pesar de que la mayoría de los desechos electrónicos son reciclables, los sistemas de reciclaje aún son insuficientes, lo que significa que una gran parte de los dispositivos desechados terminan en vertederos o en mercados de reciclaje informales, donde las condiciones de trabajo son precarias y la seguridad ambiental se ve comprometida (Baldé et al., 2017).

Impacto Social y Económico

Además de las repercusiones ambientales, la obsolescencia programada también tiene un impacto económico y social considerable. Para los consumidores, la necesidad constante de reemplazar productos puede generar una carga financiera considerable, especialmente en países con economías más vulnerables. La obsolescencia programada también contribuye a la brecha tecnológica entre los países desarrollados y los en vías de desarrollo, ya que los productos más económicos tienden a tener ciclos de vida más cortos, lo que dificulta el acceso a tecnologías duraderas y sostenibles (Akenji, 2014).

Desde una perspectiva empresarial, la obsolescencia programada puede ser vista como una estrategia para mantener la competitividad en el mercado, pero a largo plazo puede llevar a una sobreproducción de productos que, al no ser reciclados adecuadamente, generan más problemas que soluciones. Esto también crea una paradoja, donde los consumidores no solo se ven obligados a comprar productos más frecuentemente, sino que también enfrentan los efectos secundarios de un mercado saturado de productos desechados (Cohen, 2017).

Regulación y Respuesta Global

Frente a estos problemas, diversos gobiernos y organismos internacionales han comenzado a tomar medidas para combatir la obsolescencia programada y mitigar sus efectos. La Unión Europea, por ejemplo, ha implementado legislaciones como la Directiva sobre residuos de aparatos eléctricos y electrónicos (RAEE), que establece normas estrictas sobre el reciclaje y la eliminación de desechos electrónicos, promoviendo la reutilización de componentes y el diseño de productos más sostenibles (European Commission, 2018).

Sin embargo, las políticas aún no son uniformes a nivel global, y la implementación de normas efectivas sigue siendo un desafío. En muchos países, las regulaciones son limitadas o no se cumplen adecuadamente, lo que perpetúa el ciclo de producción masiva de productos obsoletos y la creciente acumulación de desechos electrónicos (Baldé et al., 2017).

La Innovación en el Diseño y el Modelo Circular

Para hacer frente a los riesgos de la obsolescencia programada, algunos actores de la industria tecnológica han comenzado a adoptar principios de economía circular. Este modelo busca alargar la vida útil de los productos, reducir la generación de residuos y maximizar la reutilización de materiales (Stahel, 2016). Empresas como Fairphone han diseñado dispositivos móviles modulares, que permiten a los usuarios reemplazar piezas individuales, como baterías y pantallas, extendiendo así la vida útil del producto. Este enfoque no solo contribuye a reducir los residuos electrónicos, sino que también promueve una cultura de consumo más responsable y sostenible.

Sesgos y Errores: Polución Ética en la IA

La inteligencia artificial (IA) ha emergido como una de las tecnologías más transformadoras de la era moderna, con aplicaciones que van desde la atención médica hasta la justicia social. Sin embargo, a medida que la IA se integra cada vez más en diversos aspectos de la vida cotidiana, también surgen preocupaciones significativas sobre los sesgos y errores inherentes a los sistemas de IA. Este fenómeno, al que se le ha denominado "polución ética", plantea riesgos tanto para individuos como para la sociedad en su conjunto. Este ensayo explora las consecuencias y riesgos de los sesgos y errores en la IA, así como las implicaciones éticas y sociales de estos fenómenos.

Definición de Sesgos en la Inteligencia Artificial

El sesgo en la IA ocurre cuando los algoritmos toman decisiones o hacen predicciones que reflejan prejuicios injustos, a menudo basados en datos sesgados o en la programación de los modelos. Estos sesgos pueden estar presentes en los datos de entrenamiento que alimentan a la IA, los cuales pueden ser parcializados debido a factores históricos, sociales o culturales. En otros casos, los sesgos pueden surgir por errores en el diseño del algoritmo o la interpretación de los datos. De acuerdo con un informe de la Universidad de Harvard (2020), los sistemas de IA pueden amplificar desigualdades existentes si no se gestionan adecuadamente los sesgos en sus datos o algoritmos, lo que puede tener efectos devastadores en grupos minoritarios.

Causas de los Sesgos en la IA

Los sesgos en los sistemas de IA son generalmente el resultado de varios factores, incluidos los datos sesgados y las decisiones humanas durante el proceso de desarrollo. Los datos de entrenamiento son fundamentales para que un modelo de IA aprenda patrones y haga predicciones precisas. Si estos datos están incompletos, desactualizados o son representativos de solo un grupo, el modelo aprenderá a replicar esas deficiencias. Por ejemplo, en el ámbito de la contratación, si un algoritmo de IA se entrena con datos históricos que favorecen a un grupo demográfico específico (por ejemplo, hombres blancos), el sistema tenderá a perpetuar esa tendencia, discriminando a otros grupos, como mujeres o minorías étnicas (Dastin, 2018).

Además, las decisiones tomadas durante el diseño y la programación de los modelos también pueden introducir sesgos. La selección de características o variables utilizadas para entrenar a la IA puede reflejar prejuicios de los diseñadores, aunque estos no sean conscientes de ellos. Por ejemplo, si un algoritmo de IA se utiliza para predecir el riesgo de reincidencia en el sistema de justicia penal, puede basarse en datos históricos que reflejan disparidades raciales en las condenas, lo que puede generar decisiones injustas hacia ciertos grupos raciales o étnicos (Angwin et al., 2016).

Errores en la IA y la "Polución Ética"

El concepto de "polución ética" se refiere a los efectos adversos que surgen cuando los sistemas de IA, al estar impregnados de sesgos y errores, violan principios éticos fundamentales, como la equidad, la justicia y la transparencia. Estos errores no solo tienen consecuencias prácticas, sino también filosóficas, ya que pueden erosionar la confianza pública en la tecnología. La "polución ética" se produce cuando los errores sistemáticos en la IA tienen un impacto negativo en las personas y las comunidades, afectando principalmente a aquellos grupos que históricamente han sido marginados o desatendidos.

Un caso emblemático de polución ética en la IA fue el uso de algoritmos en el sistema de justicia penal en Estados Unidos, como el software de evaluación de riesgos de COMPAS (Correctional Offender Management Profiling for Alternative Sanctions), que se utilizó para predecir la probabilidad de reincidencia de los delincuentes. Un estudio de ProPublica (2016) reveló que este sistema tenía sesgos raciales, ya que estaba más propenso a predecir erróneamente que los afroamericanos cometieran delitos violentos, mientras que los blancos eran menos propensos a recibir estas predicciones. Este tipo de errores no solo afecta la justicia penal, sino que perpetúa la discriminación sistémica en la sociedad.

Impacto Social y Económico de los Sesgos

Los sesgos en la IA tienen implicaciones profundas tanto en el ámbito social como económico. A nivel social, estos sesgos refuerzan las desigualdades existentes y perpetúan estereotipos, lo que puede exacerbar las divisiones en la sociedad. Por ejemplo, en el ámbito de la salud, los algoritmos de IA que se utilizan para prever las necesidades de atención médica pueden, si no se manejan adecuadamente, discriminar a las poblaciones más vulnerables. Un estudio realizado por Obermeyer et al. (2019) mostró que un algoritmo utilizado en el sistema de salud estadounidense, que predecía qué pacientes necesitaban más atención, favorecía a los pacientes más ricos, a pesar de que los pacientes más pobres y racialmente diversos sufrían una mayor morbilidad.

Económicamente, los sesgos en la IA pueden distorsionar mercados de trabajo, procesos de contratación y oportunidades laborales, lo que afecta especialmente a grupos desfavorecidos. Además, los errores de los algoritmos pueden tener un costo significativo en términos de eficiencia, ya que pueden tomar decisiones incorrectas basadas en datos erróneos o parcializados. Esto genera un mal uso de los recursos y la toma de decisiones ineficaz.

Soluciones y Enfoques Éticos para Mitigar los Sesgos

A medida que la IA se desarrolla, han surgido varios enfoques para mitigar los riesgos de sesgos y errores. Uno de los enfoques más importantes es la "auditoría algorítmica", que implica evaluar regularmente los algoritmos y los datos para identificar y corregir sesgos. Esta auditoría puede ser realizada por auditores externos o por equipos multidisciplinarios dentro de las organizaciones, y tiene como objetivo garantizar que los algoritmos no favorezcan injustamente a ciertos grupos o individuos (Eubanks, 2018).

Otro enfoque clave es la diversidad en el desarrollo de la IA. Incorporar equipos diversos de desarrolladores, diseñadores y expertos en ética puede ayudar a identificar sesgos implícitos que de otro modo podrían pasarse por alto. Además, se están desarrollando marcos éticos y principios para la IA, como los principios de equidad, responsabilidad y transparencia, que pueden guiar el diseño y la implementación de estos sistemas de manera que minimicen los riesgos de polución ética.

Colisiones Entre Naturaleza y Tecnología

El avance acelerado de la tecnología ha transformado todos los aspectos de la sociedad moderna, desde la manera en que nos comunicamos hasta cómo gestionamos nuestros recursos naturales. Sin embargo, la creciente integración de la tecnología en la vida cotidiana también ha generado un conflicto fundamental: las "colisiones entre naturaleza y tecnología". Este fenómeno refleja los desafíos y las tensiones que surgen cuando las innovaciones tecnológicas interfieren con los ecosistemas naturales, alterando los equilibrios ecológicos y afectando a la biodiversidad. Este ensayo analiza las consecuencias y riesgos de estas colisiones, explorando los impactos ambientales, sociales y éticos de la relación entre naturaleza y tecnología.

El Impacto de la Tecnología en los Ecosistemas Naturales

Las colisiones entre naturaleza y tecnología se hacen especialmente evidentes cuando las actividades humanas, impulsadas por innovaciones tecnológicas, alteran o destruyen los ecosistemas naturales. La deforestación, la contaminación del aire y el agua, la sobreexplotación de los recursos naturales y el cambio climático son solo algunos de los efectos secundarios negativos de las tecnologías que no consideran adecuadamente las limitaciones del medio ambiente. Según el informe del Programa de las Naciones Unidas para el Medio Ambiente (PNUMA) de 2020, la expansión de la tecnología, especialmente la industrialización y la urbanización, ha acelerado la degradación de ecosistemas vitales como los bosques tropicales, los océanos y los humedales.

Por ejemplo, la minería a gran escala, utilizada para extraer materiales necesarios para la producción de dispositivos electrónicos y energías renovables, tiene un impacto devastador en la biodiversidad. La minería de litio, un componente esencial en las baterías de los teléfonos móviles y vehículos eléctricos, ha dado lugar a la destrucción de hábitats naturales, especialmente en regiones sensibles como el desierto de Atacama en Chile (Liu et al., 2020). La extracción de este mineral ha contaminado fuentes de agua y afectado la flora y fauna local, alterando así el equilibrio ecológico de la región.

La Contaminación Electrónica y la Degradación Ambiental

Uno de los mayores riesgos derivados de la relación entre tecnología y naturaleza es la contaminación electrónica, también conocida como "e-waste". La proliferación de dispositivos electrónicos obsoletos o desechados genera enormes cantidades de residuos, que contienen sustancias tóxicas como plomo, mercurio y cadmio. Estos materiales pueden filtrarse en el suelo y en las fuentes de agua, afectando la salud de los ecosistemas y, en última instancia, la vida humana.

El reciclaje de productos electrónicos sigue siendo una práctica limitada en muchas partes del mundo, y una gran cantidad de residuos electrónicos termina en vertederos o en países en desarrollo, donde se procesan de manera informal en condiciones peligrosas. Un estudio realizado por la Universidad de las Naciones Unidas (2017) estimó que solo el 20% de los desechos electrónicos se reciclan de manera adecuada, lo que deja el 80% restante para contaminar el medio ambiente. Esta contaminación no solo afecta a los ecosistemas locales, sino que también contribuye al cambio climático debido a las emisiones de gases de efecto invernadero generadas en el proceso de producción y eliminación de estos dispositivos.

La Paradoja de la Energía Renovable: Tecnologías para un Futuro Sostenible con Impactos Ambientales

El impulso hacia las energías renovables, en particular la energía solar y eólica, es una de las respuestas más importantes al cambio climático y a la necesidad de reducir las emisiones de carbono. Sin embargo, incluso estas tecnologías pueden generar colisiones con la naturaleza. Las grandes instalaciones solares requieren grandes extensiones de terreno, lo que puede provocar la destrucción de hábitats naturales, especialmente en áreas desérticas o ecosistemas sensibles. De manera similar, los parques eólicos, que se están desplegando rápidamente para generar energía limpia, pueden afectar a las aves migratorias y otras especies locales debido a las colisiones con las turbinas.

Además, la producción de paneles solares y turbinas eólicas depende de materiales como el silicio, el litio y el cobalto, cuya extracción también tiene consecuencias ambientales significativas, como la contaminación y la degradación de los ecosistemas (Cui et al., 2017). Aunque las energías renovables son una solución prometedora para reducir la huella de carbono global, la forma en que se producen y se implementan también debe considerar cuidadosamente los impactos ecológicos de la minería y la fabricación de estos dispositivos.

Tecnologías Digitales y el Desempeño de la Naturaleza

Las tecnologías digitales, como el internet de las cosas (IoT), la inteligencia artificial (IA) y la automatización, están desempeñando un papel cada vez más importante en la gestión ambiental. Sin embargo, estas tecnologías también pueden contribuir a nuevas formas de explotación de los recursos naturales. Los centros de datos que alojan servicios en la nube, por ejemplo, consumen grandes cantidades de energía y requieren refrigeración constante, lo que a su vez aumenta las demandas de recursos naturales como electricidad y agua. Además, la fabricación de los componentes tecnológicos, incluidos los semiconductores, depende de recursos raros y minerales de la tierra, lo que contribuye a la minería destructiva y al agotamiento de recursos (Bardi, 2014).

Por otro lado, las tecnologías digitales también pueden ayudar a la conservación ambiental al proporcionar herramientas para el monitoreo de ecosistemas, la optimización de los recursos naturales y la mejora de la eficiencia energética. Por ejemplo, los sensores en tiempo real y los sistemas de IA pueden predecir patrones climáticos, controlar la calidad del aire y monitorear la salud de los bosques y los océanos. No obstante, el equilibrio entre el uso de estas tecnologías para el bien ambiental y los impactos negativos de su producción y operación sigue siendo una cuestión crítica.

Reconciliación entre Tecnología y Naturaleza: Caminos hacia la Sostenibilidad

Las colisiones entre naturaleza y tecnología no son necesariamente inevitables. Existe un creciente reconocimiento de la necesidad de integrar enfoques más sostenibles en el desarrollo y la implementación de nuevas tecnologías. La ingeniería ecológica, que busca diseñar tecnologías que respeten los límites de los ecosistemas, es una disciplina emergente que propone soluciones innovadoras, como el diseño de dispositivos electrónicos biodegradables o el desarrollo de técnicas de minería más responsables. Asimismo, el concepto de economía circular, que promueve la reutilización de recursos, el reciclaje y la reducción de residuos, está ganando terreno como una estrategia clave para mitigar los impactos ambientales de la tecnología (Geissdoerfer et al., 2017).

En el ámbito de las energías renovables, las investigaciones se están centrando en mejorar la eficiencia de la producción de energía, reducir los impactos negativos en los ecosistemas y desarrollar materiales más sostenibles para la fabricación de paneles solares y turbinas eólicas. La colaboración entre científicos, ingenieros y ecologistas será fundamental para garantizar que las tecnologías del futuro sean verdaderamente sostenibles.

Capítulo IV: Hacia un Futuro Sostenible

Energías Limpias y Algoritmos Verdes

En el contexto de la creciente preocupación por el cambio climático y la sostenibilidad, el concepto de un futuro sostenible ha cobrado una importancia crucial. En este escenario, las energías limpias y los algoritmos verdes emergen como elementos clave en la transición hacia una sociedad más respetuosa con el medio ambiente. Las energías limpias, tales como la solar, eólica, hidroeléctrica y biomasa, son fundamentales para reducir las emisiones de gases de efecto invernadero, mientras que los algoritmos verdes se presentan como herramientas tecnológicas que permiten optimizar el uso de recursos energéticos y minimizar los impactos ambientales de las tecnologías. Este ensayo explora la intersección entre las energías limpias y los algoritmos verdes, analizando su potencial, desafíos y contribuciones al desarrollo de un futuro más sostenible.

Las Energías Limpias: Pilar de la Transición Energética

Las energías limpias son aquellas que se obtienen de fuentes renovables y no contaminantes, lo que las convierte en una alternativa clave a los combustibles fósiles. Estas fuentes incluyen la energía solar, eólica, hidroeléctrica y geotérmica, entre otras. La principal ventaja de las energías limpias es que no emiten gases de efecto invernadero (GEI) durante su producción, lo que ayuda a mitigar el cambio climático. Según un informe de la Agencia Internacional de Energía (2021), la adopción masiva de energías limpias es fundamental para alcanzar los objetivos climáticos globales establecidos en el Acuerdo de París.

Uno de los avances más significativos en el campo de las energías limpias ha sido la reducción de los costos de las tecnologías solares y eólicas. El costo de la

41

energía solar fotovoltaica ha disminuido en más de un 80% desde 2010, lo que ha hecho de esta fuente de energía una opción viable para una creciente cantidad de países y empresas. De manera similar, los costos de la energía eólica también han experimentado una caída considerable, lo que ha permitido la expansión de parques eólicos tanto terrestres como marinos.

A pesar de estos avances, las energías limpias presentan desafíos, particularmente en términos de intermitencia y almacenamiento. La energía solar y eólica dependen de condiciones climáticas específicas, lo que puede hacer que la producción de energía fluctúe. El almacenamiento de energía en baterías, como las de litio, es esencial para garantizar un suministro constante y estable, pero la producción de estas baterías también plantea problemas medioambientales, como el agotamiento de recursos y la contaminación por residuos electrónicos (Harvard Kennedy School, 2020).

Algoritmos Verdes: Optimización y Sostenibilidad Tecnológica

Los algoritmos verdes son aquellos diseñados para mejorar la eficiencia energética y reducir el impacto ambiental de los sistemas tecnológicos. Estos algoritmos pueden aplicarse en una variedad de sectores, desde la optimización del uso de energía en la industria hasta la mejora de la eficiencia de los sistemas de transporte y la gestión de redes eléctricas. El concepto de algoritmos verdes es particularmente relevante en un mundo donde la demanda de energía sigue aumentando, y las tecnologías deben adaptarse para usar los recursos de manera más eficiente.

Uno de los ejemplos más claros de algoritmos verdes es la optimización de las redes eléctricas inteligentes o "smart grids". Estos sistemas utilizan algoritmos para gestionar y distribuir la energía de manera más eficiente, ajustando la oferta y la demanda en tiempo real y utilizando fuentes de energía renovables de manera más efectiva. Los algoritmos también son fundamentales en el sector del transporte, donde se utilizan para mejorar la eficiencia de los vehículos eléctricos y los sistemas de transporte público, reduciendo así la huella de carbono asociada con el transporte.

Además, la inteligencia artificial (IA) y el aprendizaje automático (machine learning) están siendo cada vez más utilizados para crear soluciones que optimicen el consumo de energía en edificios, industrias y ciudades enteras. Por ejemplo, los algoritmos de IA pueden predecir la demanda energética y ajustar los sistemas de calefacción, ventilación y aire acondicionado (HVAC) en tiempo real, lo que puede reducir significativamente el consumo energético. Un estudio realizado por la Universidad de Stanford (2020) mostró que la implementación de IA en la gestión de la energía en edificios comerciales puede reducir el consumo de energía en hasta un 30%.

Sinergia entre Energías Limpias y Algoritmos Verdes

La combinación de energías limpias y algoritmos verdes tiene el potencial de transformar el sector energético y acelerar la transición hacia una economía baja en carbono. Los algoritmos verdes pueden mejorar la eficiencia de las fuentes de energía renovables, maximizar su producción y almacenamiento, y reducir las pérdidas de energía en la transmisión y distribución. Por ejemplo, los algoritmos de predicción basados en IA pueden predecir la producción de energía eólica y solar, permitiendo a las redes eléctricas ajustarse de manera más eficiente a la oferta y demanda.

Además, los algoritmos verdes pueden optimizar el uso de energías renovables en la industria y la construcción. Los edificios inteligentes, que utilizan sensores y algoritmos para ajustar el consumo de energía, son un ejemplo de cómo la tecnología puede reducir la huella de carbono de las infraestructuras. En la agricultura, los algoritmos verdes también pueden ser utilizados para optimizar el uso de recursos como el agua y la energía, reduciendo así el impacto ambiental de la producción de alimentos.

Desafíos y Barreras para la Implementación de Algoritmos Verdes

A pesar del enorme potencial de las energías limpias y los algoritmos verdes, existen varios desafíos y barreras que deben superarse para lograr su adopción generalizada. Uno de los principales obstáculos es la falta de infraestructura adecuada para integrar de manera eficiente las energías renovables en las redes eléctricas. Aunque las energías renovables han experimentado avances significativos en términos de costo y capacidad de generación, la infraestructura de transmisión y almacenamiento aún es insuficiente para gestionar la variabilidad y la intermitencia de estas fuentes de energía.

Por otro lado, los algoritmos verdes, aunque prometedores, también requieren una gran cantidad de datos y potentes capacidades computacionales. El entrenamiento de algoritmos de IA y machine learning requiere grandes cantidades de energía, lo que puede contrarrestar los beneficios de la eficiencia energética si no se gestionan correctamente. Además, la implementación de estos algoritmos en sectores clave, como el transporte y la industria, puede implicar altos costos iniciales y la necesidad de cambiar las infraestructuras existentes.

Políticas y Estrategias para Fomentar un Futuro Sostenible

Para garantizar un futuro sostenible, es necesario que tanto los gobiernos como las empresas adopten políticas y estrategias que promuevan el uso de energías limpias y la implementación de algoritmos verdes. A nivel gubernamental, se deben implementar incentivos fiscales y subvenciones para el desarrollo de tecnologías limpias, así como establecer regulaciones que fomenten la eficiencia energética y la reducción de emisiones. La colaboración internacional también será clave para abordar los desafíos globales del cambio climático y la sostenibilidad.

Las empresas, por su parte, deben invertir en investigación y desarrollo de tecnologías que utilicen algoritmos verdes para optimizar sus procesos y reducir su huella de carbono. La adopción de principios de economía circular, que promuevan la reutilización y el reciclaje de recursos, también será esencial para lograr un impacto positivo a largo plazo.

¿Es Posible una IA responsable?

La inteligencia artificial (IA) ha transformado rápidamente diversos sectores, desde la atención sanitaria y la educación hasta el transporte y las finanzas. A medida que las capacidades de la IA continúan expandiéndose, también lo hace la preocupación por los posibles riesgos y efectos negativos asociados con su uso, especialmente cuando se implementa de manera irresponsable o sin considerar las implicaciones éticas, sociales y legales. En este contexto, surge una cuestión crucial: **¿es posible desarrollar una IA responsable?** Este ensayo explora los retos y las oportunidades en torno a la creación de una IA ética, considerando la responsabilidad en el diseño, implementación y supervisión de sistemas inteligentes, así como las implicaciones sociales de su uso.

La Definición de IA Responsable

Para entender si es posible una IA responsable, es esencial definir qué se entiende por "responsabilidad" en este contexto. Una IA responsable se caracteriza por ser transparente, justa, segura, respetuosa con los derechos humanos y capaz de operar dentro de los límites éticos establecidos por la sociedad. Esto implica que los sistemas de IA no solo deben funcionar de manera eficiente, sino también de manera que promuevan el bienestar humano y respeten las normas sociales, culturales y jurídicas.

Un principio fundamental de la IA responsable es la **transparencia**. Esto se refiere a la capacidad de entender cómo los algoritmos toman decisiones, permitiendo que los usuarios, reguladores y otros actores puedan revisar y auditar los procesos de decisión de la IA. La **justicia** es otro principio esencial, ya que la IA debe ser diseñada de manera que minimice sesgos y discriminaciones, garantizando que sus decisiones no favorezcan injustamente a ciertos grupos o individuos sobre otros.

Por último, la **seguridad** es un pilar crucial para una IA responsable. Los sistemas inteligentes deben ser resilientes frente a ataques, manipulaciones o fallos que puedan poner en peligro la integridad del sistema o de los usuarios. Además, la **protección de la privacidad** y el **respeto por los derechos humanos** son requisitos fundamentales para asegurar que la IA opere de manera ética y no infrinja los derechos de los individuos.

Desafíos para una IA Responsable

A pesar de la claridad de estos principios, la creación de una IA responsable presenta numerosos desafíos técnicos, éticos y sociales.

1.1. *Sesgos Algorítmicos*

Uno de los principales problemas éticos en la IA es el sesgo algorítmico. Los algoritmos de IA aprenden a partir de grandes volúmenes de datos, y si estos datos contienen sesgos, los sistemas de IA pueden replicarlos y amplificarlos. Esto puede resultar en decisiones injustas, como la discriminación en el ámbito laboral, la justicia penal o el acceso a servicios médicos. Por ejemplo, se ha demostrado que los algoritmos utilizados en los sistemas de reconocimiento facial pueden ser más inexactos al identificar a personas de razas no blancas, lo que ha llevado a preocupaciones sobre la discriminación racial (Buolamwini & Gebru, 2018).

El desafío aquí es desarrollar mecanismos para detectar y corregir estos sesgos. Los investigadores y los desarrolladores de IA deben garantizar que los datos utilizados para entrenar a los sistemas sean representativos, inclusivos y justos. Sin embargo, esto no es una tarea sencilla, ya que los sesgos pueden estar profundamente arraigados en las estructuras sociales y culturales, lo que hace que su eliminación total sea extremadamente difícil.

1.2. *Falta de Transparencia y Explicabilidad*

Los sistemas de IA más avanzados, especialmente los basados en técnicas de aprendizaje profundo, son a menudo considerados "cajas negras" debido a la falta de comprensión clara sobre cómo llegan a sus decisiones. Esta falta de transparencia puede generar desconfianza y limitar la capacidad de los usuarios para cuestionar o corregir decisiones erróneas. La **explicabilidad** de los algoritmos es un tema clave en la IA responsable, ya que los usuarios deben ser capaces de comprender cómo se toman las decisiones, especialmente cuando estas decisiones afectan a sus vidas de manera significativa.

Investigaciones recientes han demostrado que la capacidad de explicar las decisiones de una IA no solo mejora la confianza pública, sino que también permite la corrección de errores y la identificación de posibles sesgos (Gilpin et al., 2018).

Sin embargo, lograr la explicabilidad en sistemas de IA altamente complejos sigue siendo un reto técnico importante.

1.3.   Seguridad y Autonomía de los Sistemas de IA

A medida que los sistemas de IA se vuelven más autónomos, surge la preocupación sobre cómo garantizar su seguridad y evitar posibles daños. Los algoritmos de IA pueden aprender a adaptarse y modificar su comportamiento en función de nuevos datos, lo que plantea preguntas sobre cómo asegurar que sus decisiones sean siempre alineadas con los valores humanos y no se desvíen de manera inesperada.

El concepto de **IA explicativa** y de **alineación de valores** se refiere a la necesidad de garantizar que los sistemas de IA no solo actúen de manera segura, sino que también actúen de acuerdo con los intereses y deseos de los humanos. Esto se vuelve aún más crítico en áreas como la conducción autónoma, donde las decisiones tomadas por un algoritmo pueden tener consecuencias directas sobre la vida humana.

Además, los sistemas de IA pueden ser objeto de ciberataques, lo que aumenta el riesgo de que sean manipulados para actuar de manera perjudicial. La ciberseguridad de la IA es, por lo tanto, un aspecto clave en la construcción de una IA responsable.

Estrategias para Desarrollar una IA Responsable

Aunque los desafíos para desarrollar una IA responsable son significativos, existen varias estrategias que pueden ayudar a superar estos obstáculos.

1.1.   Desarrollo de Normativas y Regulaciones Éticas

Una de las formas más efectivas de garantizar una IA responsable es a través de la implementación de normativas y regulaciones éticas. La Unión Europea ha liderado en este sentido con la propuesta de la **Ley de Inteligencia Artificial (IA),** que establece un marco normativo para el uso de la IA en aplicaciones de alto riesgo, exigiendo transparencia, explicabilidad y responsabilidad en los sistemas de IA utilizados en ámbitos como la salud, la justicia y la seguridad pública (Comisión Europea, 2021).

Estas normativas deben garantizar que los desarrolladores de IA sigan principios éticos claros y que los sistemas sean auditables y verificables. Además, deben fomentar la creación de **organismos reguladores** independientes que supervisen el desarrollo y la implementación de tecnologías de IA.

1.2. Colaboración Multidisciplinaria

El desarrollo de una IA responsable requiere la colaboración entre expertos en IA, ética, derecho, sociología y otras disciplinas. Este enfoque multidisciplinario puede ayudar a identificar y abordar los riesgos éticos y sociales antes de que los sistemas sean desplegados a gran escala. Los comités éticos y las consultas públicas también son fundamentales para garantizar que los sistemas de IA se desarrollen de acuerdo con los valores y necesidades de la sociedad.

1.3. Fomentar la Responsabilidad Social Corporativa

Las empresas que desarrollan y comercializan tecnologías de IA también tienen un papel crucial en la promoción de la IA responsable. Las compañías deben integrar principios éticos en sus procesos de investigación y desarrollo, así como en la toma de decisiones empresariales. Esto implica no solo el cumplimiento de las normativas existentes, sino también la adopción de prácticas de **responsabilidad social corporativa (RSC)** que prioricen el bienestar humano y social por encima de las ganancias inmediatas.

Revolución o Renuncia: Elegir un Camino Ético

La intersección entre tecnología, ética y sociedad se presenta hoy como uno de los mayores desafíos de nuestra era. La constante innovación tecnológica y los avances en campos como la inteligencia artificial, la biotecnología, la robótica y las energías renovables, por ejemplo, ofrecen una promesa de progreso y prosperidad. Sin embargo, estas innovaciones también traen consigo una serie de dilemas éticos y riesgos sociales que nos invitan a preguntarnos: ¿deberíamos abrazar estos avances con optimismo o renunciar a ellos por sus posibles consecuencias negativas? En este contexto, surge una interrogante fundamental: **¿es posible una revolución tecnológica que sea ética y responsable?** Este ensayo explora las distintas perspectivas sobre esta cuestión y ofrece un análisis sobre cómo podemos elegir un camino ético en medio de la acelerada evolución tecnológica.

La Promesa de la Revolución Tecnológica

La **revolución tecnológica** ha sido, y continúa siendo, un motor clave para el desarrollo de las sociedades modernas. En el ámbito de la salud, por ejemplo, las innovaciones tecnológicas como la **medicina personalizada**, las **terapias génicas** y los **tratamientos de precisión** han mejorado la esperanza de vida y la calidad de vida de millones de personas. Los avances en **energías renovables** prometen una transición hacia un futuro energético más sostenible, y las **inteligencias artificiales** están transformando industrias enteras, desde la manufactura hasta la educación y la investigación científica.

Los defensores de la revolución tecnológica argumentan que la innovación es el principal motor del progreso humano. Consideran que la tecnología tiene el potencial de resolver muchos de los problemas más apremiantes de la humanidad, como el cambio climático, la escasez de recursos y las enfermedades incurables. De acuerdo con el filósofo y futurista **Ray Kurzweil**, la tecnología puede ser vista como un catalizador para alcanzar la **singularidad**, un momento en el que la inteligencia artificial superará a la humana, ofreciendo posibilidades sin precedentes para la mejora de la vida humana y el avance de la ciencia y la comprensión del universo (Kurzweil, 2005).

Los Riesgos de la Revolución Tecnológica: Dilemas Éticos y Sociales

Sin embargo, la rápida adopción de nuevas tecnologías plantea riesgos y dilemas éticos profundos. El principal de estos es el impacto social y económico de la automatización y la IA. Si bien las tecnologías pueden mejorar la productividad y la calidad de vida, también pueden provocar **desempleo masivo** y una creciente **desigualdad económica**, ya que los empleos tradicionales en sectores como la manufactura, el transporte y la agricultura pueden ser reemplazados por máquinas inteligentes.

En el campo de la **biotecnología**, los avances en la edición genética, como la tecnología CRISPR, ofrecen la posibilidad de erradicar enfermedades hereditarias y mejorar la calidad de vida. Sin embargo, estos avances también suscitaban temores sobre los límites éticos de la modificación genética humana. La **"eugenesia"** moderna, es decir, la idea de mejorar la genética humana para seleccionar características deseadas, plantea interrogantes sobre la **alteración de la humanidad** y el riesgo de crear una **sociedad dividida** entre aquellos con acceso a tecnologías avanzadas y aquellos que no lo tienen.

El **cambio climático**, otro desafío global, pone de manifiesto la dualidad de la revolución tecnológica. Si bien las tecnologías verdes y las **energías limpias** prometen mitigar los efectos del calentamiento global, las mismas tecnologías pueden tener impactos negativos en el medio ambiente, como la extracción de minerales raros necesarios para las baterías de los vehículos eléctricos o los paneles solares. Además, las soluciones tecnológicas a menudo requieren grandes cantidades de energía, lo que podría agravar el problema si no se manejan adecuadamente.

Los **algoritmos de IA**, por su parte, pueden ser utilizados para tomar decisiones en áreas tan diversas como la justicia penal, la contratación laboral o la asignación de recursos en la atención médica. Sin embargo, estos sistemas pueden reproducir y amplificar sesgos existentes, perpetuando injusticias sociales o discriminaciones históricas, como se observó en el caso de sistemas de reconocimiento facial que tienen un mayor margen de error en personas de razas no blancas (Buolamwini & Gebru, 2018).

La Alternativa de la Renuncia: La Precaución como Camino Ético

Ante estos dilemas, algunos argumentan que, en lugar de permitir una adopción desenfrenada de nuevas tecnologías, deberíamos adoptar un enfoque más **precautorio**. Este enfoque de "renuncia" no significa rechazar la innovación por completo, sino actuar con prudencia y evaluar cuidadosamente los riesgos y las implicaciones sociales antes de adoptar nuevas tecnologías a gran escala.

Este enfoque es defendido por filósofos y activistas que creen que el progreso tecnológico no siempre garantiza el bienestar de la humanidad. Según el filósofo **Ivan Illich**, el exceso de tecnología puede resultar en la **alienación humana**, donde las personas pierden el control sobre sus vidas y se convierten en meros engranajes de una maquinaria que las subyuga (Illich, 1973). La rápida expansión de la tecnología puede deshumanizar la sociedad y generar dependencias que la hagan más vulnerable a crisis económicas, políticas o medioambientales.

Un ejemplo claro de este enfoque cauteloso es el movimiento contra la **inteligencia artificial descontrolada**, que advierte sobre los riesgos existenciales que representa una IA fuera de control, como la creación de máquinas con capacidades superiores a las humanas que podrían actuar en contra de los intereses de la humanidad. **El riesgo de una IA que escape a los controles humanos** es una preocupación que han expresado futuristas como **Nick Bostrom**, quien señala que una IA superinteligente podría tomar decisiones autónomas sin tener en cuenta los valores humanos, lo que podría tener consecuencias catastróficas (Bostrom, 2014).

La **renuncia**, entonces, se fundamenta en la necesidad de reconocer los límites de lo que la tecnología puede y debe hacer, así como en la necesidad de evitar el **progreso tecnológico a cualquier costo**, especialmente cuando los riesgos superan los beneficios.

Un Camino Ético: Equilibrio entre Revolución y Precaución

En lugar de elegir entre una revolución tecnológica desenfrenada y una renuncia total, un enfoque ético viable podría ser el de **equilibrar la innovación con la precaución**. Este equilibrio implica aceptar el potencial de la tecnología para mejorar la vida humana, pero también reconocer sus riesgos inherentes y actuar para minimizarlos.

Para ello, es necesario desarrollar **marcos éticos y normativos robustos** que guíen el desarrollo y la implementación de nuevas tecnologías. Esto incluye la creación de **regulaciones claras y estrictas** para la IA, la biotecnología y otras tecnologías emergentes, así como la promoción de un **diálogo abierto y**

multidisciplinario sobre las implicaciones sociales, económicas y culturales de la tecnología.

Además, es fundamental que las decisiones sobre la adopción tecnológica sean tomadas de manera **participativa** e inclusiva, involucrando a todas las partes interesadas, incluidos gobiernos, empresas, organizaciones civiles y la ciudadanía en general. Solo de esta manera se podrán tomar decisiones informadas que garanticen que la tecnología se utilice de manera ética y que beneficie a todos los miembros de la sociedad, evitando los peligros de la concentración de poder y recursos en manos de unos pocos.

Capítulo V: Reflexión Final

El Costo Humano y Ambiental del Progreso

El progreso, entendido como la mejora continua de las condiciones de vida humanas a través de la ciencia, la tecnología y la innovación, ha sido uno de los principales motores de las sociedades modernas. Desde la Revolución Industrial, la humanidad ha experimentado avances significativos en diversos campos: la medicina, la tecnología, la agricultura y la infraestructura. Estos avances han permitido una mejora sustancial en la calidad de vida de miles de millones de personas, facilitando una mayor esperanza de vida, el acceso a educación, la conectividad global y el bienestar económico. Sin embargo, cada paso hacia adelante ha tenido su precio. En este contexto, surge una pregunta central: **¿cuál es el costo humano y ambiental del progreso?** Este ensayo reflexiona sobre los efectos negativos del desarrollo, tanto para el ser humano como para el planeta, y examina si es posible encontrar un equilibrio entre el progreso y la sostenibilidad.

El Costo Humano del Progreso

Uno de los aspectos más evidentes del progreso tecnológico es el **costo humano** asociado con su desarrollo y expansión. A pesar de las mejoras en la calidad de vida, los avances tecnológicos a menudo tienen un impacto directo en la vida de las personas, especialmente en aquellos que se ven desplazados o perjudicados por el cambio.

1.1. Desigualdad y Desplazamiento Laboral

El progreso tecnológico ha alterado las estructuras laborales tradicionales. La automatización, la robotización y la inteligencia artificial han hecho posibles niveles de eficiencia que antes eran impensables. Sin embargo, esta automatización ha traído consigo la pérdida de empleos en sectores clave, especialmente en la manufactura y la agricultura. Según un informe de la Organización Internacional del Trabajo (OIT), más de **100 millones de trabajadores** en el mundo podrían verse desplazados debido a la automatización en los próximos años (OIT, 2021).

Este desplazamiento masivo genera una creciente **desigualdad económica**, donde una parte de la población se beneficia de los avances tecnológicos, mientras que otra queda relegada al desempleo o a trabajos precarios. La automatización, por ejemplo, ha creado una **brecha digital**, donde las personas sin acceso a la educación tecnológica o a las herramientas necesarias para adaptarse se ven excluidas de los nuevos mercados laborales.

Además, el **trabajo precario** asociado a la economía digital, como el trabajo en plataformas de reparto o conducción autónoma, ha generado una nueva forma de explotación laboral. Aunque estas actividades pueden parecer innovadoras y modernas, muchas veces se caracterizan por bajos salarios, la falta de prestaciones laborales y la vulnerabilidad a los cambios repentinos del mercado.

1.2. *Salud y Bienestar*

El progreso también ha traído consigo nuevos riesgos para la salud humana. Las enfermedades infecciosas, como las pandemias globales, han aumentado en frecuencia, en parte debido a la mayor movilidad global y la interconexión digital. Las condiciones de trabajo en fábricas de alta tecnología, las largas horas frente a las pantallas y el estrés asociado con los avances rápidos también han tenido efectos perjudiciales para la salud mental y física de las personas.

El aumento en el uso de **productos químicos tóxicos** en la agricultura industrializada y la producción en masa también ha contribuido a enfermedades crónicas en las poblaciones que viven cerca de las zonas industriales. De hecho, estudios han vinculado el uso masivo de pesticidas con el aumento de casos de **cáncer, enfermedades respiratorias** y problemas de fertilidad.

El Costo Ambiental del Progreso

El impacto ambiental del progreso tecnológico es quizás el costo más visible y urgente. Aunque el progreso ha permitido una mejora sustancial en la vida humana, también ha tenido un efecto destructivo sobre el medio ambiente, poniendo en peligro la biodiversidad, los ecosistemas y el clima global.

1.1. *Degradación Ambiental y Explotación de Recursos*

El modelo de desarrollo industrial ha dependido históricamente de la **extracción masiva de recursos naturales**. Desde la minería hasta la deforestación, la extracción de recursos ha sido impulsada por la necesidad de alimentar las industrias y satisfacer el consumo global. Los **combustibles fósiles**, como el petróleo, el gas y el carbón, han sido los principales motores del progreso económico y energético, pero su quema ha conducido a un **cambio climático sin precedentes**, con el aumento de las temperaturas globales y fenómenos climáticos extremos.

La **deforestación** ha sido otro efecto devastador del progreso industrial, con millones de hectáreas de bosques tropicales destruidos para dar paso a la agricultura industrializada y la urbanización. Esto no solo destruye hábitats naturales, sino que también contribuye a la pérdida de biodiversidad, ya que muchas especies animales y vegetales no pueden sobrevivir a la destrucción de su entorno natural.

Además, la **contaminación** derivada de los desechos industriales, plásticos y productos químicos ha afectado los ecosistemas acuáticos y terrestres, contaminando ríos, mares y suelos. Se estima que cada año se producen alrededor de **8 millones de toneladas de plástico** que terminan en los océanos, lo que representa una amenaza directa para la vida marina y, en última instancia, para los seres humanos que dependen de estos recursos para su alimentación.

1.2. Impacto del Progreso Tecnológico en la Energía

Uno de los avances más celebrados en las últimas décadas es la transición hacia las **energías renovables**, como la solar, la eólica y la hidroeléctrica, que prometen reducir la huella de carbono del planeta. Sin embargo, la producción de las tecnologías necesarias para estas energías, como los paneles solares y las turbinas eólicas, también implica un costo ambiental. La **extracción de minerales raros** para la fabricación de baterías y componentes electrónicos, y el impacto ambiental de las grandes represas hidroeléctricas, siguen siendo cuestiones críticas.

Además, la **transición energética** no está exenta de dificultades, ya que algunos países y comunidades aún dependen en gran medida de los combustibles fósiles. Esto genera un **desajuste global** en las capacidades de los países para enfrentar el cambio climático de manera equitativa, lo que plantea interrogantes sobre la justicia climática.

1.3. ¿Es Posible un Progreso Sostenible?

Frente a estos costos, se plantea la pregunta de si es posible avanzar hacia un progreso que sea **sostenible**, tanto para el ser humano como para el planeta. El progreso no debe medirse solo en términos de crecimiento económico o avances tecnológicos, sino en términos de **bienestar social**, **justicia económica** y **equilibrio ambiental**.

1.4. La Economía Circular y la Sostenibilidad

Una de las soluciones más prometedoras es la adopción de un **modelo económico circular**, que busca reducir el desperdicio y promover el reciclaje y la reutilización de materiales. Este modelo propone un ciclo continuo en el que los productos y materiales se mantienen en uso durante el mayor tiempo posible, evitando la explotación de recursos no renovables y reduciendo la cantidad de desechos.

1.5. Tecnologías Limpias y Energías Renovables

El futuro del progreso puede pasar por el impulso de **tecnologías limpias** y **energías renovables**. Aunque la transición hacia una economía verde presenta desafíos, también ofrece la oportunidad de crear empleos sostenibles, mejorar la calidad del aire y reducir los efectos del cambio climático. Invertir en la investigación y el desarrollo de tecnologías que no solo sean eficientes sino también respetuosas con el medio ambiente será crucial para garantizar un futuro más equilibrado.

¿A Qué Precio el Futuro?

La pregunta sobre el precio del futuro es una de las más complejas y urgentes que enfrentan las sociedades modernas en el contexto del acelerado avance tecnológico, los cambios socioeconómicos y los desafíos ambientales globales. A medida que la humanidad avanza hacia un futuro aparentemente prometedor, impulsado por la innovación, las nuevas tecnologías y el crecimiento económico, surgen interrogantes fundamentales sobre los costos que este progreso implica: ¿Estamos dispuestos a pagar el precio de un futuro más tecnológico a costa de nuestras relaciones sociales, la equidad económica, la justicia ambiental y, en última instancia, nuestra humanidad? En este ensayo, se reflexionará sobre los costos inherentes al futuro que estamos construyendo y cómo estos afectan a diferentes aspectos de la vida humana y planetaria.

El Futuro Prometido: Avances y Esperanzas

En las últimas décadas, los avances tecnológicos han dado lugar a un futuro que, en muchos aspectos, parece ideal. Las tecnologías emergentes, desde la inteligencia artificial (IA) hasta la biotecnología y la nanotecnología, prometen transformar la medicina, la educación, el transporte y las comunicaciones. Las soluciones energéticas sostenibles, como las energías renovables, ofrecen la posibilidad de un futuro sin dependencia de los combustibles fósiles, mientras que las innovaciones en la agricultura, como la **agricultura de precisión** y los **cultivos modificados genéticamente**, podrían alimentar a una población global en expansión sin destruir el medio ambiente.

A nivel social, el futuro digital también trae consigo la **conectividad global** y el **acceso a la información** de manera casi instantánea. La integración de las tecnologías emergentes en la vida cotidiana está reconfigurando la educación, permitiendo un aprendizaje más accesible, personalizado y globalizado, mientras que la automatización promete liberar a los humanos de las tareas repetitivas y peligrosas.

Sin embargo, al mismo tiempo, estos avances se producen en un contexto de desigualdad social, explotación de recursos naturales y presión sobre el medio ambiente. ¿Qué estamos dispuestos a sacrificar en el nombre del progreso?

El Costo Social del Futuro Tecnológico

1.1.Desigualdad Social y Brechas Digitales

Uno de los costos más evidentes del futuro tecnológico es el aumento de la **desigualdad social**. Aunque las tecnologías emergentes tienen el potencial de mejorar la calidad de vida de millones, la distribución desigual de estas tecnologías puede acentuar las disparidades existentes. En el mundo digital, la **brecha digital** entre quienes tienen acceso a internet de alta velocidad, dispositivos tecnológicos avanzados y educación digital, y quienes no, es un factor determinante en la perpetuación de la desigualdad.

Además, la automatización y la IA pueden provocar **desempleo masivo**, especialmente en sectores que dependen de trabajos manuales o rutinarios. La **desplazabilidad de los trabajadores** por la inteligencia artificial, especialmente en países con economías de bajos salarios, puede dar lugar a un futuro de **inestabilidad laboral** y **desprotección social** para millones de personas.

En este sentido, la cuestión central no es solo la creación de nuevas tecnologías, sino **cómo distribuir sus beneficios**. Si el progreso tecnológico no se gestiona de manera equitativa, el futuro podría estar marcado por un **aumento de la pobreza** y la **polarización social**, donde solo una pequeña élite tecnológica disfrute de los beneficios del avance, mientras que el resto de la población se quede atrás.

2.2. El Impacto en las Relaciones Humanas

Además de los aspectos económicos, el progreso tecnológico está cambiando la naturaleza de las **relaciones humanas**. Las redes sociales, las aplicaciones de mensajería instantánea y las plataformas digitales han transformado las interacciones sociales, pero no sin costos. Las relaciones interpersonales se han vuelto más superficiales y fragmentadas, y la creciente dependencia de la tecnología para la comunicación puede generar un **aislamiento social**.

Las plataformas tecnológicas también han creado un mundo en el que la **privacidad** se ha visto socavada, donde los datos personales son constantemente recolectados y vendidos sin el consentimiento explícito de los usuarios. Este control de los datos y la vulnerabilidad de la **información personal** se convierten en un precio que las personas deben pagar para acceder a los beneficios de la tecnología.

El Costo Ambiental del Futuro

3.1. Explotación de Recursos Naturales

El futuro que estamos construyendo está profundamente vinculado a la explotación de recursos naturales. A pesar de los avances en **energías renovables**, la demanda global de **minerales raros** necesarios para la fabricación de dispositivos tecnológicos como teléfonos móviles, baterías eléctricas y paneles solares está ejerciendo presión sobre los ecosistemas y aumentando la minería en lugares ecológicamente sensibles. La **explotación desmedida de recursos** naturales plantea la pregunta de si podemos sostener el crecimiento tecnológico a largo plazo sin agotar los recursos del planeta.

La transición energética hacia fuentes más limpias es necesaria, pero no está exenta de sus propios costos ecológicos. La producción de baterías de litio, por ejemplo, requiere grandes cantidades de agua y puede generar **daños ambientales** significativos si no se maneja adecuadamente. Así, el desarrollo de nuevas tecnologías "verdes" no siempre es tan ecológico como parece en primera instancia.

3.2. Contaminación y Residuos Tecnológicos

La **obsolescencia programada** y la producción masiva de dispositivos electrónicos generan una **acumulación de residuos electrónicos** que afectan a los ecosistemas. Estos dispositivos contienen sustancias tóxicas como **mercurio**, **cadmio** y **plomo**, que pueden filtrarse en el suelo y el agua, dañando la fauna y la flora. La gestión de estos desechos se ha convertido en un reto global, y a menudo los países en desarrollo se convierten en los vertederos de estos productos obsoletos.

Aunque las soluciones a este problema, como el reciclaje de componentes electrónicos, están en marcha, las soluciones a gran escala son costosas y aún insuficientes para mitigar el impacto de la **"huella ecológica digital"**.

El Futuro del Futuro: ¿A Qué Precio?

La reflexión final sobre el precio del futuro debe llevarnos a considerar no solo los avances y las soluciones tecnológicas, sino también los **costos éticos, sociales y ambientales** que estos implican. El progreso tecnológico no es un proceso neutral: siempre hay decisiones detrás de cada innovación, decisiones que afectan a las personas, a la naturaleza y al equilibrio entre ambas.

La clave está en que, como sociedad, debemos ser conscientes de los **precios** que estamos dispuestos a pagar. Esto implica:

- Desarrollar **marcos éticos sólidos** que guíen el desarrollo y la implementación de nuevas tecnologías.

- Asegurar que las **tecnologías sean accesibles y equitativas** para todos, evitando que se amplíen las desigualdades existentes.

- Priorizar la **sostenibilidad ambiental** en el diseño y la producción de tecnologías, asegurando que los recursos naturales sean utilizados de manera responsable.

- Fomentar una **cultura de responsabilidad social y ética** en la innovación tecnológica, donde el bienestar de las personas y el planeta sea el principal objetivo.

Si no nos detenemos a reflexionar sobre **¿a qué precio estamos construyendo el futuro?**, el futuro que imaginamos podría ser mucho menos prometedor de lo que esperábamos.

Epílogo:

A medida que avanzamos hacia un futuro cada vez más dominado por la inteligencia artificial, la pregunta fundamental persiste: ¿A qué precio estamos dispuestos a aceptar el progreso? Hemos explorado el resplandeciente horizonte que la IA promete, pero también hemos tocado las sombras que se proyectan detrás de su avance. Desde la contaminación invisible de los centros de datos hasta los desequilibrios éticos que surgen de algoritmos diseñados sin conciencia, el costo de nuestra dependencia tecnológica es indiscutible.

Sin embargo, el reto no radica solo en los problemas que hemos identificado, sino en nuestra capacidad para abordarlos de manera ética y sostenible. La IA tiene un potencial transformador que podría mejorar la vida humana, pero solo si elegimos un camino que no ignore las repercusiones sobre el medio ambiente, los derechos humanos o la justicia social. El futuro de la inteligencia artificial no está escrito, y somos nosotros quienes debemos decidir cómo balancear sus innovaciones con una visión holística de lo que realmente significa el progreso.

La responsabilidad no recae únicamente en los desarrolladores y en las grandes corporaciones tecnológicas; cada uno de nosotros, como usuarios, consumidores y ciudadanos, también tiene un papel crucial que desempeñar. La clave estará en nuestra capacidad para abogar por un uso consciente y ético de la IA, presionando por políticas que promuevan la transparencia, la sostenibilidad y la equidad.

El desafío es grande, pero no insuperable. El futuro, aunque incierto, está lleno de oportunidades para reimaginar un mundo donde la tecnología y la naturaleza no se vean como enemigos, sino como aliados en la construcción de una sociedad más justa y sostenible. La revolución de la inteligencia artificial es inevitable, pero la forma en que elegimos navegarla determinará si realmente somos capaces de alcanzar el futuro que deseamos: uno en el que la tecnología sirva al bienestar humano y ambiental por igual.

Referencias bibliográficas

Akenji, L. (2014). *The Sustainability of Obsolescence: Impacts of Short Life-Cycles on Consumers and the Environment*. Springer.

Agencia Internacional de Energía. (2022). *Data Centres and Data Transmission Networks*. Recuperado de https://www.iea.org

Andrae, A. S. G., & Edler, T. (2015). On Global Electricity Usage of Communication Technology: Trends to 2030. *Challenges, 6*(1), 117-157. https://doi.org/10.3390/challe6010117

Amnesty International. (2016). *This is what we die for: Human rights abuses in the Democratic Republic of the Congo power the global trade in cobalt*. Recuperado de https://www.amnesty.org

Angwin, J., Larson, J., Mattu, S., & Kirchner, L. (2016). Machine Bias: There's Software Used Across the Country to Predict Future Criminals. And It's Biased Against Blacks. *ProPublica*.

Apple. (2022). *Annual Financial Report*. Recuperado de https://www.apple.com

Babbitt, C. W. (2017). Environmental Impacts of Electronic Waste: A Global Overview. *Environmental Science & Technology, 51*(4), 2381-2390.

Banco Interamericano de Desarrollo (2024). *Inteligencia artificial: qué aporta y qué cambia en el mundo del trabajo*. Recuperado de blogs.iadb.org

Banco Mundial. (2020). *Minerals for Climate Action: The Mineral Intensity of the Clean Energy Transition*. Recuperado de https://www.worldbank.org

Baldé, C. P., Forti, V., Gray, V., & Kuehr, R. (2017). *The Global E-waste Monitor 2017: Quantities, Flows, and the Circular Economy Potential*. United Nations University.

Bostrom, N. (2014). *Superintelligence: Paths, Dangers, Strategies*. Oxford University Press.

Bostrom, N. (2023). "La inteligencia artificial será el último invento que haga la humanidad". En *Rísbel Magazine*. Recuperado de https://risbelmagazine.es

Buolamwini, J., & Gebru, T. (2018). Gender Shades: Intersectional Accuracy Disparities in Commercial Gender Classification. *Proceedings of the 1st Conference on Fairness, Accountability, and Transparency*.

BBC News. (2021). *Facebook data on 530 million users found online*. Recuperado de https://www.bbc.com

Cadenas, B. (2024). *Impacto de la inteligencia artificial en ciencia, industria y sociedad. Gaceta UNAM*. Recuperado de gaceta.unam.mx

Chan, J., Pun, N., & Selden, M. (2013). The Politics of Global Production: Apple, Foxconn, and China's New Working Class. *Asia-Pacific Journal: Japan Focus, 11*(45), 1-41.

Comisión Europea. (2021). *Propuesta de la Ley de Inteligencia Artificial: Un marco para asegurar la IA confiable en Europa*. Comisión Europea.

Cohen, M. J. (2017). Understanding Consumer Demand in a Circular Economy: The Role of Obsolescence in the Technology Market. *Journal of Industrial Ecology, 21*(4), 1012-1021.

Crawford, K. (2023). En *Emprendedores News*. Recuperado de https://emprendedoresnews.com

Cui, L., Zhang, D., & Zhao, H. (2017). Environmental Impacts of Lithium Extraction for Electric Vehicles and Solar Technologies. *Environmental Science & Technology, 51*(23), 14101-14109.

DeepMind. (2018). DeepMind AI Reduces Google Data Centre Cooling Bill by 40%. Recuperado de https://deepmind.com

Dastin, J. (2018). Amazon Scraps Secret AI Recruiting Tool That Showed Bias Against Women. *Reuters*.

EITB (2024). *El impacto medioambiental del uso de la inteligencia artificial*. Recuperado de eitb.eus

European Commission. (2018). *Directive 2012/19/EU on Waste Electrical and Electronic Equipment (WEEE)*. Official Journal of the European Union.

Eubanks, V. (2018). *Automating Inequality: How High-Tech Tools Profile, Police, and Punish the Poor*. St. Martin's Press.

Geissdoerfer, M., Savaget, P., Bocken, N. M. P., & Hultink, E. J. (2017). The Circular Economy – A New Sustainability Paradigm?. *Journal of Cleaner Production, 143*, 757-768.

Gilpin, L. H., Bau, D., Yuan, B. Z., & Vishnu, A. (2018). Explaining Explanations: An Overview of Interpretability of Machine Learning. *ACM Computing Surveys, 51*(5), 1-42.

Google. (2020). *Our Commitment to Sustainability*. Recuperado de https://sustainability.google

Harvard Kennedy School. (2020). *The Future of Energy: Transitioning to Renewable Sources*. Harvard University Press.

Harvard University. (2020). *The Ethics of Artificial Intelligence: Implications for Society*. Harvard Kennedy School.

Illich, I. (1973). *Deschooling Society*. Harper & Row.

International Energy Agency (IEA). (2021). *World Energy Outlook 2021: Accelerating Clean Energy Transitions*. IEA.

Kurzweil, R. (2005). *The Singularity Is Near: When Humans Transcend Biology*. Viking.

La Vanguardia (2023). *La IA: Consumo energético y huella de carbono*. Recuperado de lavanguardia.com

Leung, A. O. W., Zhou, B., & Wong, M. H. (2015). Electronic Waste Recycling: A Critical Review. *Environmental Science & Technology, 49*(11), 6824-6841.

Li, F.-F. (2023). "La IA debería ser vista como una herramienta que amplía nuestras capacidades cognitivas, no como un sustituto de la inteligencia humana". En *Rísbel Magazine*. Recuperado de https://risbelmagazine.es

Liu, Z., Smith, S., & Shuman, J. (2020). The Environmental Impact of Lithium Mining in South America: A Review of Sustainability. *Environmental Research Letters, 15*(6), 063001.

Musk, E. (2023). "Si la IA tiene un objetivo y resulta que la humanidad está en medio, destruirá a la humanidad como algo natural". En *Rísbel Magazine*. Recuperado de https://risbelmagazine.es

Newton, C. (2019). The Trauma Floor: The Secret Lives of Facebook Moderators in America. *The Verge*. Recuperado de https://www.theverge.com

Obermeyer, Z., Powers, B. W., Vogeli, C., & Mullainathan, S. (2019). Dissecting Racial Bias in an Algorithm Used to Manage the Health of Populations. *Science, 366*(6464), 447-453.

Organización de las Naciones Unidas. (2020). *The Global E-waste Monitor 2020*. Recuperado de https://www.ewastemonitor.info

Panel Intergubernamental sobre el Cambio Climático. (2022). *Climate Change 2022: Mitigation of Climate Change*. Recuperado de https://www.ipcc.ch

Perfecta Energía (2024). *Minería y recursos en la era de la inteligencia artificial*. Recuperado de perfectaenergia.com

ProPublica. (2016). *Machine Bias*. Recuperado de https://www.propublica.org

Schiebinger, L. (2020). *AI and Gender*. Stanford University.

Schwab, K. (2016). *The Fourth Industrial Revolution*. Crown Business.

Slade, G. (2006). *Made to Break: Technology and Obsolescence in America*. Harvard University Press.

Stanford University. (2020). *AI for Sustainability: How Artificial Intelligence Can Reduce Energy Use in Buildings*. Stanford News.

Statista. (2023). *Global market share of cloud infrastructure services by vendor.* Recuperado de https://www.statista.com

Stanford University. (2020). *Machine Learning and Energy Efficiency: Opportunities for Commercial Buildings. Energy Science & Engineering, 8*(2), 189-204.

Strubell, E., Ganesh, A., & McCallum, A. (2019). *Energy and Policy Considerations for Deep Learning in NLP.* Recuperado de arxiv.org

TechCrunch. (2019). *Marketing company exposed millions of personal records.* Recuperado de https://techcrunch.com

The Shift Project. (2019). *Climate Crisis: The Unsustainable Use of Online Video.* Recuperado de https://theshiftproject.org

Unite.AI (2024). *El impacto de la IA en la innovación.* Recuperado de unite.ai

University of the United Nations. (2017). *The Global E-Waste Crisis: Opportunities and Solutions.* UNU-IAS.

UNEP. (2022). *Global E-waste Monitor 2022: Quantities, Flows and the Circular Economy Potential.* United Nations Environment Programme.

World Economic Forum. (2023). *Global Risks Report 2023.* WEF.

Zuboff, S. (2019). *The Age of Surveillance Capitalism: The Fight for a Human Future at the New Frontier of Power.* PublicAffairs.

yes
I want morebooks!

Buy your books fast and straightforward online - at one of world's fastest growing online book stores! Environmentally sound due to Print-on-Demand technologies.

Buy your books online at
www.morebooks.shop

¡Compre sus libros rápido y directo en internet, en una de las librerías en línea con mayor crecimiento en el mundo! Producción que protege el medio ambiente a través de las tecnologías de impresión bajo demanda.

Compre sus libros online en
www.morebooks.shop

info@omniscriptum.com
www.omniscriptum.com

Printed by Books on Demand GmbH, Norderstedt / Germany